筑境

中国精致建筑100

宋城赣州

韩振飞　陈忠民　撰文摄影

中国建筑工业出版社

出版说明

　　中国是一个地大物博、历史悠久的文明古国。自历史的脚步迈入新世纪大门以来，她越来越成为世人瞩目的焦点，正不断向世人绽放她历史上曾具有的魅力和光辉异彩。当代中国的经济腾飞、古代中国的文化瑰宝，都已成了世人热衷研究和深入了解的课题。

　　作为国家级科技出版单位——中国建筑工业出版社60年来始终以弘扬和传承中华民族优秀的建筑文化，推动和传播中国建筑技术进步与发展，向世界介绍和展示中国从古至今的建设成就为己任，并用行动践行着"弘扬中华文化，增强中华文化国际影响力"的使命。从20世纪80年代开始，中国建筑工业出版社就非常重视与海内外同仁进行建筑文化交流与合作，并策划、组织编撰、出版了一系列反映我中华传统建筑风貌的学术画册和学术著作，并在海内外产生了重大影响。

　　"中国精致建筑100"是中国建筑工业出版社与台湾锦绣出版事业股份有限公司策划，由中国建筑工业出版社组织国内百余位专家学者和摄影专家不惮繁杂，对遍布全国有历史意义的、有代表性的传统建筑进行认真考察和潜心研究，并按建筑思想、建筑元素、宫殿建筑、礼制建筑、宗教建筑、古城镇、古村落、民居建筑、陵墓建筑、园林建筑、书院与会馆等建筑专题与类别，历经数年系统科学地梳理、编撰而成。本套图书按专题分册，就其历史背景、建筑风格、建筑特征、建筑文化，结合精美图照和线图撰写。全套100册、文约200万字、图照6000余幅。

　　这套图书内容精练、文字通俗、图文并茂、设计考究，是适合海内外读者轻松阅读、便于携带的专业与文化并蓄的普及性读物。目的是让更多的热爱中华文化的人，更全面地欣赏和认识中国传统建筑特有的丰姿、独特的设计手法、精湛的建造技艺，及其绝妙的细部处理，并为世界建筑界记录下可资回味的建筑文化遗产，为海内外读者打开一扇建筑知识和艺术的大门。

　　这套图书将以中、英文两种文版推出，可供广大中外古建筑之研究者、爱好者、旅游者阅读和珍藏。

目录

宋
城
赣
州

赣州，是一座设置于西汉初年，已有两千多年历史的文化名城。在历史上，赣州曾繁荣兴盛于两宋时期，时至今日，赣州仍旧保持着宋代的城市布局特色以及众多的宋代文史古迹，堪称是江南地区保存最为完好的一座宋城。

在宋城赣州众多的文史古迹中，还不乏全国文物中的精品与孤品，诸如全国唯一的宋代砖城，堪称城市建设史上奇迹的福寿沟，江南第一石窟通天岩，江西宋代四大名窑之一的七里镇古瓷窑，有确切年代可考的北宋舍利塔等。正因为赣州保存着数量众多、文物价值极高的宋代文史古迹，从而被誉为是一座"宋城博物馆"。1994年1月，赣州被定为第三批全国历史文化名城。

一、千里贛江
第一城

赣州位于江西省南部，赣江的上游，地处赣湘闽粤四省通衢，"当五岭之要会，为闽粤之咽喉"。

赣州属低山丘陵区，东南部、西北部地势较高，中部较低，呈马鞍形。境内最高点在南部的峰山，主峰海拔1016米，最低点在水南乡南桥村田心里西北田塅，海拔97.1米。

赣州属中亚热带湿润气候，天气暖和，雨量充沛，四季分明。年平均气温19.3℃，无霜期长达285.9天，年平均降水量1466.4毫米。

图1-1 竹园下商代遗址

竹园下位于赣州南郊沙石镇，遗址上出土了大量的陶片、石器以及完整的陶盆、陶罐、陶簋、纺轮等，同时还发掘了6座墓葬和100多个柱洞，这些柱洞可复原成大小不一的数间房屋。这是一处十分典型的商周时期百越民族的村落遗址。

a

b

图1-2 汉代画像砖

1981年在市郊蟠龙镇武陵村的章江边出土了一
座东汉砖室墓，墓砖为江南地区较为罕见的画
像砖。画像内容共有两种，一种是出行图，刻
画的是墓主人骑在马上，仆人前呼后拥外出的
场面；另一种是谒拜图，刻画着墓主人端坐于
案几后面，有人正向他跪拜求见。

筑境 中国精致建筑100

图1-3 赣州城全景
由贡江东岸看赣州城。

赣州市市区位于市境的东部，地处赣州盆地的东缘，城区三面临江。发源于南岭山脉的章江自城西而来，发源于武夷山脉的贡水自城东而来，两江夹城而过，在城北的八境台下汇合为赣江。赣江向北流去，纵贯江西省全境，流经江西中部的吉安和省会南昌，在永修县的吴城镇注入鄱阳湖，干流全长511公里，号称千里赣江，赣州城便是屹立在赣江源头的千里赣江第一城。

赣州自古以来就是赣南的政治、经济与文化的中心，是历代郡、州、府、县的治所。现赣州市是赣州地区行署与赣州市人民政府的所在地。赣州地区下辖有18个县市，统称为赣南。赣州市现有42万人口，其中城市人口25万。

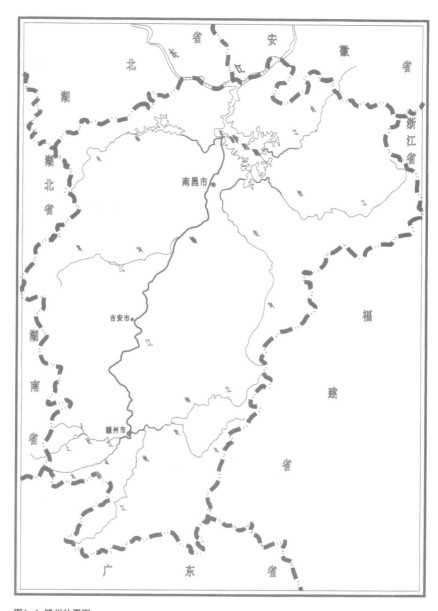

图1-4 赣州位置图

赣州位于江西省南部，赣江的上游，章贡两江
在赣州城下合流为赣江。

先秦时期，赣南是百越民族的居住地。目前，在赣州市范围内已发现了6处商周时期百越民族的居住遗址。1994年，为配合京九铁路的建设，曾对位于沙石镇的竹园下遗址进行过考古发掘，除出土了大量的陶片及石器外，还出土了完整的陶盆、陶罐、陶簋、陶纺轮等。同时还发掘出了6座土坑墓葬和100多个柱洞，柱洞是当时干阑式建筑的基址，可复原成6间大小不等的房子，竹园下是一处十分典型的商周时期百越民族的村落遗址。

秦代，秦始皇为统一中国，曾派一支约10万人的军队，驻扎在今赣州至大余一线的章江流域，这是中原汉民族第一次进入赣南。

汉高祖六年（公元前201年），刘邦派大将灌婴平定江南后，为防御南越王赵佗，便设置了赣县，城址位于今市区西南的蟠龙镇一带。赣县隶属于豫章郡，是赣州设置行政建制的开始，至今已有2100多年。西晋太康末年（289年），赣县城址迁到了今水东虎岗，名葛佬城。东晋永和五年（349年），城址迁到了章贡二水之间，并成为南康郡的郡治。东晋义熙七年（411年），因城毁于兵火而迁到了贡水东七里镇附近。南朝梁承圣元年（552年），城址再次迁回到章贡二水之间即今城址，从此城址便固定下来，发展到今天已有1400多年的历史了。

隋开皇九年（589年），南康郡取虔化水之名而改为虔州（贡水在当时称虔化水）。南

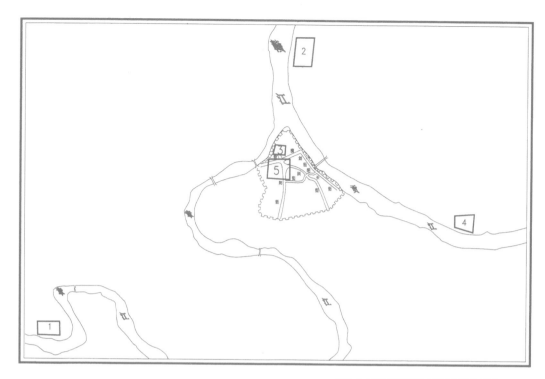

图1-5 汉代至南朝赣县城址变迁示意图

1.汉高祖六年（公元前201年），刘邦派大将灌婴平定江南后，为防御南越王赵陀而设立赣县，城址位于今市区西南，章江上游的蟠龙镇附近；2.西晋太康末年（289年），因洪水毁城，城址迁到了今水东虎冈一带，名葛佬城；3.东晋永和五年（349年），城址迁到章贡二水之间，并成为南康郡的郡治；4.东晋义熙七年（411年），因城毁于兵火而迁到了贡水东七里镇一带；5.南朝梁承圣元年（552年），赣县城再次迁回到章贡二水之间（即今城址），从此城址便固定下来，至今已有1400多年了。

宋绍兴二十三年（1153年），由于当时赣南山区农民起义此起彼伏，朝廷群臣议论，虔州之虔系虎头，有虐杀之意，非吉祥之名，遂取章贡二水合流为赣之义，改虔州为赣州。

元朝至元十四年（1277年）开始，赣州为赣州路的治所，明清两代为赣州府的治所。民国时期，先后为赣南道、江西省第十一行政区专署、第四行政区专署的驻地。民国32年（1943年）将赣州城区设置为赣州镇，属赣县管辖。1949年8月14日，赣州解放，次日将赣州镇从赣县划出，设立赣州市。

二、宋城、皇城与炮城

图2-1 古城墙全景/前页
赣州土城始筑于东晋，北宋嘉祐年间开始用砖石包砌，全长6900余米，现存有3600余米。赣州古城墙是全国唯一的宋代砖城，是全国重点文物保护单位。此图为滨临贡江的东段古城墙。

图2-2 涌金门
位于赣州城东北，滨临贡江，始建于宋代。涌金门外是古代赣州城的主要港口码头，现存涌金门于1995年重修。

一座城市的选址，要受到政治、军事、经济、交通等诸多因素的影响。赣州自西汉初年创建赣县城以来，经过750多年的不断实践，最后才在章贡二水之间固定下来。

赣南自成一个独立的地理单元，四周为武夷山、南岭、罗霄山等高大的山脉所环绕，水系则成辐集状从东、南、西三面向赣州盆地汇聚形成章贡二水，再合流为赣江北去。赣州城作为赣南的政治、军事、经济的中心，将城址确立在章贡二水之间，具有十分明显的优越性。章贡二水会合处既是古代赣南的交通枢纽，同时又是章贡两大流域物产的集散地，而章江曲线形的河床形成的河套地带，地势开阔有利于城市的发展，凭借三江又利于军事上的防守，因此，章贡二水汇合处自然就成了理想的城址。

自南朝梁承圣元年城址固定以后，直到唐末五代后梁时期（907—911年），赣州城才进

图2-3 西津门/上图

位于赣州城西，滨临章江，始建于宋代，原有
瓮城及重檐的城楼，城门外章江上从宋代起即
架设有浮桥，名西津桥。现存城楼于民国时期
重建。

图2-4 皇城城墙/下图

皇城即古代的州府衙城，位于城区北端的建
国路一带。现存有宋代构筑的衙城城墙30余
米，墙上保存有宋代的铭文砖，一种是"虔化
县"，另一种是"嘉定十年军门楼砖官"。

图2-5 八境台炮城/上图

赣州炮城是清代咸丰年间为防止太平军攻打赣州城而建，此为保存最为完好的八境台炮城，镇守在章贡合流的三江口，建于咸丰六年（1856年）。

图2-6 警铺/下图

警铺是南方城墙特有的设施，其功能类似于北方城墙的马面，可对城墙外的两侧进行攻击。警铺建于城墙顶面而向外挑出，约1.5米见方，较之马面建筑省工省料。

图2-7 具有代表性的铭文城砖

迄今为止，在赣州的古城墙上保存有
数万块铭文城砖，据调查，铭文砖的
年代上起北宋、下迄民国，共有 500
余种，内容有记事、记名、纪年等，
是一份十分珍贵的城墙建设史料。

a.北宋"熙宁二年"铭文城砖；b.元代
"至正壬辰秋赣州路造"铭文城砖；
c.明代洪武年铭文城砖；d.清代"乾隆
五十一年"城砖；e."民国四年"城砖

宋城、皇城与炮城

筑境 中国精致建筑100

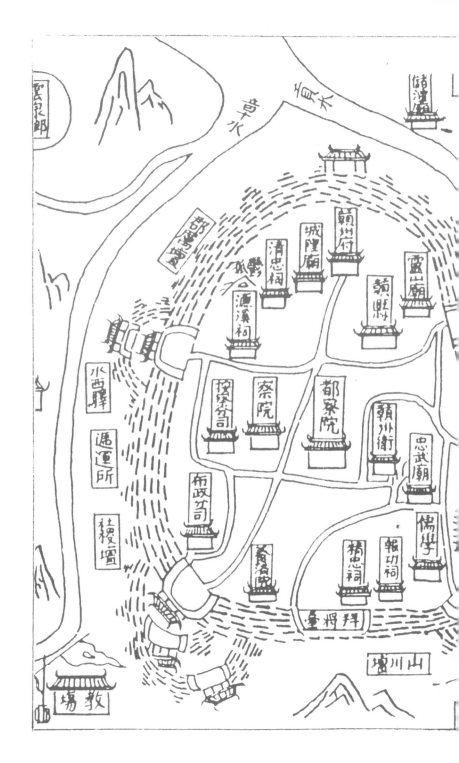

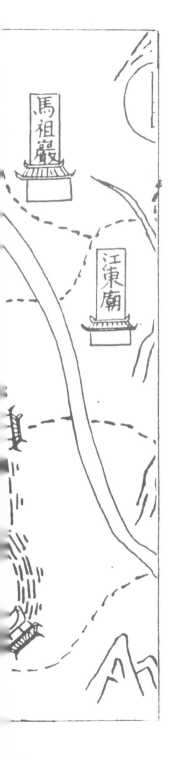

行了一次大规模的扩建。其时，虔州守将卢光稠出于政治和军事上的需要，"广其东、西、南三隅，凿址为隍"。卢光稠扩城后，直至清末，赣州城的城区范围及城墙的走向，再也没有发生过变动，从宋代开始，城区面积就一直是3平方公里左右。

从北宋嘉祐年间（1056—1063年）开始，知州孔宗翰鉴于江水屡屡将土城冲毁，遂动工用砖石包砌土城，自此以后，历南宋、元、明、清、民国各代，均投入大量的人力、财力对城墙加以修葺。到清末民国时期，赣州的城墙已是一座设施齐全，功能完备，周长达6900余米的坚固砖城。从宋代以来，赣州城共开设有涌金门、建春门、百胜门、镇南门、西津门等五座大城门，城门均建有城楼，而且后三座还建有瓮城。

赣州的古城墙，其最具历史文物价值的是那历朝历代修城的铭文城砖。据调查，在现存的3600多米古城墙上，共发现了500多种不同年代、不同内容的铭文砖。这些数以万计的铭文砖，镶嵌在古城墙上，犹如是一部巨大的史书，记载了赣州这座江南宋城的兴衰嬗变。

赣州的古城墙，是我国现存的唯一一座宋代砖城，它在我国城市建设史上，具有不可取代的特殊历史地位。1996年，国务院将赣州古城墙公布为全国重点文物保护单位。

赣州的古城墙，还附设有炮城。清咸丰年间，守城的清军为了防止太平军攻城，从咸丰四年（1854年）开始，历时五年，相继修筑了东门、南门、西门、小南门以及八境台共五座炮城。炮城紧靠城墙而向外突出，设有枪眼、炮眼、警铺、藏兵洞等设施。西门炮城建于咸丰四年，八境台炮城建于咸丰六年，这两座炮城一直完好地保存至今。

图2-8 明代嘉靖年间赣州城图
转绘于明代嘉靖年刊《赣州府志》。

　　城墙，是一座城市的外壳，而衙城，则是一座城市的心脏。赣州的衙城，位于城区北部的郁孤台下，一直是建城以来历代州、军、路、府的衙署所在地。时至今日，在建国路北端的赣州电影院附近，仍旧保存着一段长约30米的宋代衙城城墙。残墙高约3米，厚约3米，外侧砌以城砖，砖上有两种铭文，一种铭文是北宋时的"虔化县"，另一种是南宋时期的"嘉定十年军门楼砖、官"。

　　赣州的衙城俗称为皇城，至今市民们仍称衙城一带为皇城里。皇城一名的来历有三种说法，一是隋末林士宏在赣州称帝，并立国号为楚；二是五代卢光稠扩建衙署、图谋称王；三是南宋初年，隆祐太后避金兵之难，于赣州衙城内居住四月有余。

图2-9 宋代至清代赣州古城墙图

五代卢光稠扩城后，赣州城墙的走向及位置一直没有发生变动，宋代嘉祐年开始用砖石包砌，历元、明、清各代均加以修缮，形成了一座长达6900余米的雄伟砖城。

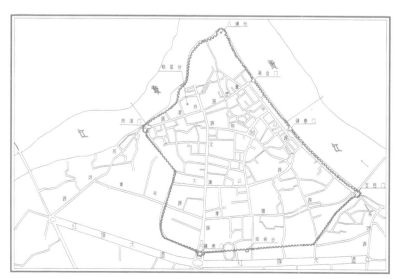

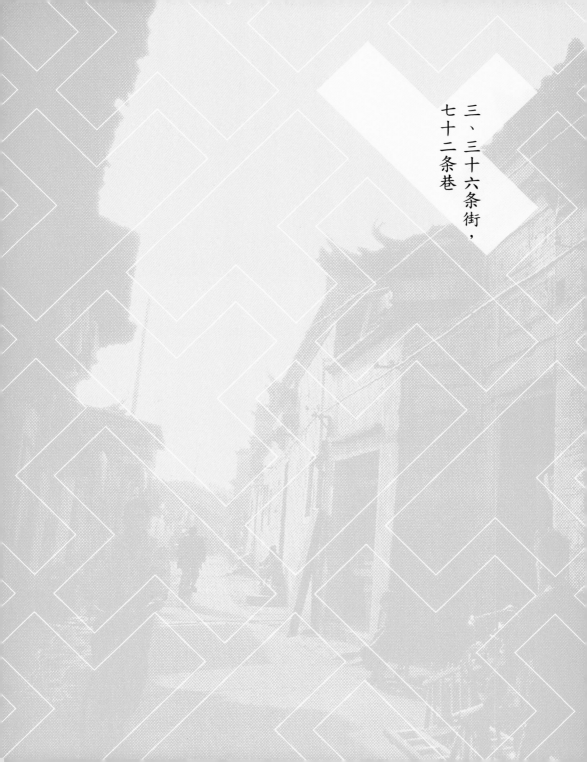

三、三十六条街，七十二条巷

图3-1 南门广场及文清路
南门广场原为正南门的所在地，进正南门后是宋代的阳街，即今日的文清路和建国路，阳街一直向北，直抵位于城北端的衙城，是古代赣州城的主轴线，亦是今日赣州最繁华的商业街。

唐代以前的赣州城，一直是作为岭北的一座军事重镇扼守在赣江交通线上，城区位于宋代赣州城的北部，面积仅为宋城的三分之一。根据有关的史料分析，唐城的北墙及西墙的一部分与宋代城墙相重合。唐城的南墙，在今大公路的北侧，1993年，在大公路中段的南侧，出土了一座网钱纹花纹砖南朝墓，按常规，墓葬应在城区之外。唐城的东墙，地方志书中有部分记载，大致是沿百家岭、凤凰台、标准钟、和平路一线，这一线以东，地势陡然下降，是特大洪水淹没区。西墙位于今文清路以西一线。

唐城的最北端地势高亢，是衙署的所在地。衙署坐北朝南，控制着整个城区。在衙署的前面，是由一条南北向的大道与一条东西向的大道所组成的十字街，南北向的大道将城区分为东西两大部分。

图3-2 南市街
位于城区东南，是宋代斜街的南段，现街区内
保存有大量的清代民居。

三十六条街·七十二条巷

韵境 中国精致建筑100

宋代以后，赣州的经济迅速发展，赣州城成了中国东南地区的重要商业都市。随着城市功能的变化，从北宋开始，赣州城便有计划地进行大规模的城市建设。一是在卢光稠扩城的基础上初步建成了城市道路系统；二是根据自然环境和交通条件划分出了城市的几大功能区；三是进行了修砖城、开挖下水道、营造人文景观等城市基础设施的建设。

宋代赣州城的道路系统，是由六条大街所构成，南宋文天祥在任赣州知州时，曾在诗词中描绘过这六条大街"八境烟浓淡，六街人往来"。赣州城宋代的六条大街是：

1.**阳街** 阳街是唐代十字街的南北向大道延伸至镇南门所形成。

2.**横街** 横街是唐代十字街中的东西向大道，分别向两侧延伸至涌金门和西津门所形成的。

3.**阴街** 阴街是在宋代新拓建的一条东西向大道，东端起于建春门，向西延伸与阳街相接。

4.**斜街** 斜街也是一条新开拓的由西北向东南延伸的大道，其西北端与阳街相接。

5.**长街与剑街** 卢光稠向东扩城后，城墙修到贡江边，由于贡江是天然的深水港区，城东一带便发展成了商业区。为了适应商业发展

的需要，宋代便开拓了一条与城墙相平行长达
1500米的大街。这条大街分为两段，从百胜门
至建春门约1000米的一段，被称为长街，从建
春门至涌金门被称为剑街。

　　赣州城宋代的六条大街，其位置与走向一
直未曾变动，时至今日，仍是赣州城的主要交
通干道。

　　宋代赣州城的功能分区已是有意而为之。
城北主要是官署和风景区，这里建有州衙、县
衙、郁孤台、八境台、花园塘等。城东沿贡江
一带，主要是商业区。城东南主要是宗教文化
区，建有光孝寺、夜话亭、慈云寺、舍利塔、
大中祥符宫等。城市的中部则主要是居民区，
城南主要是军事设施，建有拜将台及带有双重

图3-3 灶儿巷

位于城区东部，系宋代阴街的东段，街区内保存有清代
的民居、店铺、客栈、作坊、书院、酒楼、会馆等。

三十六条街·七十二条巷

◎ 筑境 中国精致建筑100

瓮城的镇南门、辟有教场等，城西主要是盐运以及官府的专用码头。

明清时期的赣州城，基本上是在宋城的基础上发展起来的。到了清末，赣州城的道路系统已是十分的完备，街巷密集、四通八达，共计有三十六条街，七十二条巷，这些街巷的名称，在同治年刊印的《赣州府志》中，均有详细的记载而并非虚指。城市功能的分区，仍是沿袭宋代的格局，这在清代的街巷名称中亦可见一斑。城东一带的地名大多是与商业有关，如米市街、棉布街、磁器街、攀高铺、六合铺、纸巷、油槽巷、烧饼巷、铁炉巷等。城北的州前大街、县岗坡则与衙署有关，城西的盐官巷、盐槽巷均与盐运密不可分。

明清时期，赣州城最有代表性的街区，是位于今解放路、阳明路、建国路、章贡路、濂溪路这一闭合的街区之中，在这仅有0.18平方公里的街区中，竟有街巷20余条。

图3-4 过街门洞/对面页
位于城区东部老古巷，原有木栅门可关闭，这是古代里坊制度的一种残存形式。

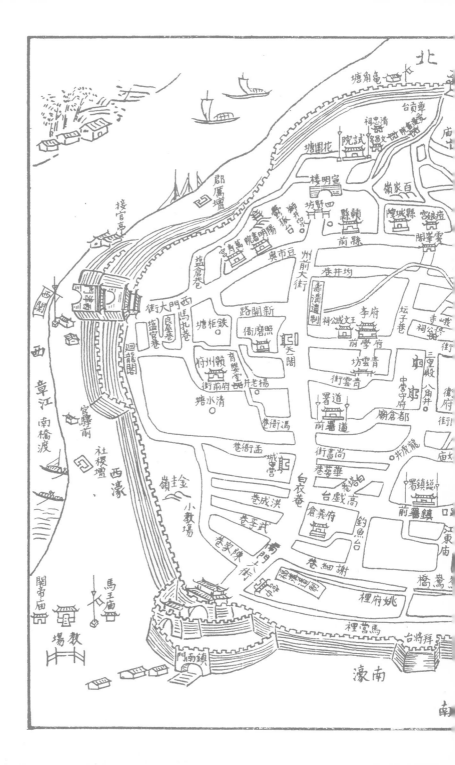

民国时期，赣州的街区已开始发展到了宋代的城区以外，形成了两片街区。一是出镇南门至南河浮桥，形成了东阳山路；二是由于百胜门外设立了汽车站及修建了贡江大桥，而形成了以东郊路为主的一片街区。

新中国成立后，赣州的新城区建设有了飞速发展。首先是于20世纪50年代在宋代城区以南修建了东西向的红旗大道，然后沿红旗大道两侧建设了新城区，到1995年，赣州市的城区面积已发展到19平方公里。京九铁路的通车，又将为赣州的城市发展带来新的契机。

四、三山五岭
八境台

三山五岭八境台

宋城赣州

筑境 中国精致建筑100

筑境 中国精致建筑100

图4-1 八境台全景／前页
位于赣州城东北隅的古城墙上，和古城墙同时修建，主持修建者是北宋嘉祐年间的虔州知州孔宗翰。登上此台，赣州八景一览无余，故取名八境台。发源于南岭山脉的章江和发源于武夷山脉的贡江，就在台下汇合为赣江。

图4-2 郁孤台
位于城区西北的贺兰山上，是旧城区的制高点，取其地树木葱郁，山势孤独而名郁孤台。郁孤台远在唐代就已见于记载，因南宋词人辛弃疾的名作《菩萨蛮·郁孤台下清江水》而名扬海内。

　　赣州城区的地势略有起伏，山冈小丘的相对高度一般为二三十米，城内的最高峰田螺岭（海拔131米）也不到40米，自然空间的高度变化与城区面积的比例都比较理想。历代的建设者都十分重视利用好这一优越的自然空间环境，经过上千年的经营，或是依山就势建寺造塔，或是在制高点构筑楼阁以造景观，遂使赣州城形成了"无限楼台烟雨濛，……只寻孤塔认西东"的优美城市景色。

　　赣州古代有一首歌谣叫作"三山五岭八境台，十个铜钱买得来"。这首歌谣便是对赣州城景致错落、参差有序的概括，而其中的"三山五岭八境台"，则是构成城市景观的骨架。

　　三山是指赣州城东南一带的三座小山峰，即笔峰山、东胜山、夜光山。其中笔峰山挺拔秀丽，远对储山，东连东胜山，山麓建有光孝寺、濂溪书院等建筑群落。

图4-3 马祖岩摩崖题刻

马祖岩位于贡水东，与赣州城隔河相望，唐代就已辟为禅宗寺院，因著名高僧马祖道一曾驻锡而名马祖岩，宋代以来一直是赣州城郊的著名风景点，亦是登高观览赣州城的最佳点。图为现存于马祖岩巅顶的元、明、清摩崖题刻。

◎筑境 中国精致建筑100

五岭是指分布在城内的五座山岭，即田螺岭、百家岭、桂家岭、慈姑岭、金圭岭。其中的田螺岭巅顶矗立着郁孤台，百家岭一带古木葱茏，慈姑、桂家二岭与慈云塔遥相呼应。

八境台是指城内的八座楼台，即郁孤台、八境台、拜将台、章贡台、高戏台、凤凰台、钓鱼台、龙凤台。其中的郁孤、八境两台，是赣州城景观最佳的两处风景名胜。

郁孤台位于城区西北，是古代赣州城的制高点，取其地树木葱郁，山势孤独而得名，郁孤台在唐代宗时期就已见于记载，而闻名于世是在宋代。南宋淳熙初年（1174年），著名词人辛弃疾任职于赣州，曾留有名作《菩萨蛮》一首："郁孤台下清江水，中间多少行人泪。西北望长安，可怜无数山，青山遮不住，毕竟东流去。江晚正愁余，山深闻鹧鸪。"郁孤台亦因这首名垂文史的宋词而名扬海内。

八境台位于赣州城东北隅的古城墙上，是在北宋嘉祐年间与古城墙一同建造。发源于南岭山脉的章江与发源于武夷山脉的贡江，就在八境台下汇合为赣江。登上此台，赣州八景一览无余，犹如身临其境，故取名八境台。台成时，主持建造此台的知州孔宗翰将登台所见绘成《虔州八境图》，并请苏东坡按图题诗八首。绍圣元年，苏东坡被贬岭南路过赣州时，曾登临八境台，在遍览赣州的旖旎风光之后，深感原诗未能道其万一，遂补作后序一篇。宋代孔宗翰与苏东坡所见的八景是：石楼、章贡

图4-4 储君庙

赣江在八境台下北去，在河道上形成滩险水急的十八滩。储君庙建于储潭边，储君司管十八滩滩神，旧时船到储潭必须前往储君庙中敬香，以求平安过滩，"储潭晓镜"是清代赣州八景之一。

台、白鹊楼、皂盖楼、郁孤台、马祖岩、尘外亭和峰山。到了清代，由于景观发生变化，登八境台所见到的八景变成了：三台鼎峙、二水环流、玉岩夜月、宝盖朝云、雁塔文峰、马崖禅影、天竺晴岚、储潭晓镜。清代的赣州八景一直保存到今天。

拜将台位于城南制高点的古城墙上，五代卢光稠扩城时所建，是用以战时调兵遣将的军事指挥设施。拜将台位于城南，它与城西北的郁孤台、城东北的八境台形成鼎立之势。

五、古井、廉泉、清水塘

从宋代以来，赣州城内的居民，就已达到了4万人以上，如此众多的人口，其生活用水取之于何处呢？

赣州是一座江城，靠近江边的居民，大都饮用江水，这种习俗一直沿袭到近年，由于城市供水系统入户的普及才逐渐消失。赣州城地下水资源十分丰富，居民大部分是饮用井水，自宋代以来，几乎每一条大街都开掘有水井，有些宋代古井如东园井、狮泉井、双龙井等，甚至一直到现代仍在使用。据清代的资料统计，赣州城内有名的水井共有二十四口，如丹桂井、东溪寺井等等。

赣州城内的古井，还和一些人文事象紧密地联系在一起，如由金氏家族开掘的金家井；有因伴井而居，靠井水淋发豆芽谋生而得名的豆芽井；有与宋代的街道布局有关的七星井；有位于天一阁下，用以禳压火灾的太阴井等等。

宋
城
赣
州

古井、廉泉、清水塘

⊛ 筑境 中国精致建筑100

图5-1 东园古井
位于城区东部纸巷、曾家巷、桥儿口、姚衙前四条街巷相交的十字路口，开掘于宋代，井台5米见方，井圈直径2米，水面距地表不足2米，是古代赣州城出水量最大的水井之一。

图5-2 廉泉

位于城区东南光孝寺西侧，原为一眼自流泉，
被誉为"章贡第一泉"，它与广州的贪泉、泗
水的盗泉、零陵的愚泉并称于世。因20世纪70
年代赣州地下人防工程破坏了原地层，已不再
成为自流泉。

古井、廉泉、清水塘

筑境 中国精致建筑100

图5-3 清水塘
位于城区西部，是赣州市众多水塘中的一口。明末杨廷麟在赣州抗清，城破后宁死不降，于此投水自尽。

赣州城内的笔峰山麓，是地下承压水露头的地方，此地"掘地盈尺即有水"，从而在光孝寺的西侧形成了一眼自流泉即廉泉和一口类似于间歇泉的三潮井。关于廉泉的来历，相传是在南朝刘宋时"一夕霹雳，忽有泉涌，时郡守廉，故以为名"。宋代的知军赵履祥，在此地建有廉泉亭，当年苏东坡还曾与郡人阳孝本在廉泉边促膝夜话、通宵达旦，后人为纪念宋代的两位先哲，于是改廉泉亭为夜话亭。清代，廉泉被誉为"章贡第一泉"，它与广州的贪泉、泗水的盗泉、零陵的愚泉并称于世。

古代赣州城市景观的另一个特色，是城区内星罗棋布着大量的水塘，这犹如是镶嵌在城市中的一颗颗明珠。水塘在城市中还起着调节气温、改善环境、防洪排涝以及作为居民生活用水等作用。

赣州城内的水塘，大多数是自然形成的。如城区内最大的一片水塘蕹菜塘及与其相连通

图5-4 蕹菜塘/上图
位于赣州城东，是赣州城内最大的一片水塘，
古代被称作水脉洞，后因在此大量种植水生蔬
菜蕹菜而名蕹菜塘。

图5-5 八境公园全景/下图
位于城区东北隅，是赣州城地势最低洼处，有
水面近1公顷，20世纪50年代后，被辟为一座
以湖光水色为主体的公园，以八境台命名为八
境公园。

的荷包塘，就位于城东的低洼处。五代扩城后城墙切断了它与贡江的连通从而潴水；到了宋代，这一带就成了"池塘园圃，茂木浓阴"的大水塘，而被称之为水脉洞。位于州衙侧旁的花园塘，在宋代就被衙署辟为园林，并构有洞天飞桥。位于城西的清水塘，在明末的赣州保卫战中，抗清名将杨廷麟宁死不降，于此投塘自尽。为纪念杨公，清水塘已被列为赣州市文物保护单位。

赣州的水塘有小部分是由人工开挖而成的。由于受堪舆数术的影响，远在宋代，就在城区人口密集的街区内，开挖有金鱼池、凤凰池、嘶马池三个人工池塘。志载："南宋绍兴丁卯年，郡守曾慥在修建谯门时掘地得石，上书谶文'金鲫鱼池赐金紫，凤凰池上出名贤'。"由于这三池关系着一郡的人文兴衰，故自宋元迄明清，都十分注重加以疏浚，以保池水常年澄清畅通。

图5-6 夜话亭
位于廉泉侧旁，宋代苏东坡曾与郡人阳孝本在廉泉旁促膝夜话，通宵达旦，后人为纪念两位先哲，遂建此亭。

六、寺庙、祠堂与民居

寺庙，是一座历史文化名城中古代建筑的重要组成部分。

赣州历史最为悠久的寺庙，是位于城区东南的佛寺光孝寺。光孝寺始建于晋代，远在宋朝，其影响力就已达到岭南地区甚至远及东南亚一带。历史上建筑规模最大的是慈云寺，慈云寺创于唐代，宋朝是其鼎盛时期，并于北宋天圣年间（1023—1032年）在寺院内建有一座高达42米的楼阁式舍利塔。赣州现存最完好的佛寺，是位于城东中山路的寿量寺，该寺是五代后梁时卢光稠捐舍其东宅花园而成，圆通宝殿内有高达6米的观音大士造像。

赣州历史上最著名的道观，是与慈云寺相毗邻的紫极宫。紫极宫建于唐代，宋代改名为大中祥符宫，明代著名的道士刘渊然曾修法受道于此，自清代乾隆元年起，此地改建为赣县县学。位于贡水东的玉虚观，亦是宋代著名的道观，宋代名儒周敦颐曾在观内授徒讲学。此外，古代赣州还建有数量众多，用以祭祀诸路神祇的各种庙宇，如万寿宫、储君庙、仙娘庙、武庙、七姑庙、城隍庙、康王庙、大王庙等。

赣州的儒学兴起于北宋，王安石在《虔州学记》一文中记载："庆历中，尝诏立学州县，虔亦应诏。"由于赣州一直是州（府）、县两级的治所，故一直建有州（府）、县两所儒学，现今保存下来的，是位于原祥符宫旧址的赣县县学，因学宫同时又是祭孔的场所，故

图6-1 福寿沟
位于厚德路的福寿沟主干渠，于1957年改造
后，至今仍在使用。

又被称为文庙。赣州文庙是江西省规模最大，建筑形制等级最高的古代县学校址。儒学建筑的另外一个重要组成部分是书院，江西是古代书院最多的地区，而赣州又是书院最多的城市之一，自宋代开始，赣州城一共建有书院14所，其中宋代所建的有3所。历史上最有名望的书院有濂溪书院、爱莲书院、阳明书院，最早的书院是北宋庆历四年（1044年）所建的清溪书院。

明代末年，有一批回族兄弟从南京前来赣州经商，后定居于赣州。因回族是一个教族合一的民族，故同时也将伊斯兰教传入赣州。为满足宗教生活的需要，这些回族兄弟还在城东桥儿口兴建了一座清真寺，这就是赣南唯一的一座清真寺，至今已有近400年的历史了。

基督教传入赣州是清代初期，顺治七年（1650年）开始建立天主教堂，此后又陆续建立了育婴堂、医院等教会建筑。

祠堂，是祭祀祖先的场所，祠堂起源甚早，但早期是家祠不分，从明代中叶以后，祠堂才从寝居中分离出来，成为独立的祠堂。位于水东李老山村，建于明代嘉靖年间的李渤公祠，还保持着刚从寝居分离出来的简单形式，仅为一座简陋的三开间建筑。位于东郊七里镇的敦本堂，是赣南、闽西、粤东所有池氏族人的宗祠，池氏的开山祖于宋代定居于赣州七里镇，南宋咸淳十年（1274年），其三世祖池梦鲤高中状元，敦本堂就是于乾隆十九年（1754

年），在宋代池梦鲤的故居旧址上兴建的。清代的赣州城中，亦建有许多的祠堂，规模较大的有刘家祠、朱家祠、曾家祠等。

赣南是客家人的聚居地，赣州民居自然是以客家民居为主。在平面上，客家民居是严格按照中轴线对称进行布局的，小到不足百平方米的四扇三间式，大到千余平方米的九井十八厅建筑群，都无一例外。四扇三间式的民居，是赣南民居中最基本的构造单元，它可以满足一个小家庭的起居需要。赣南民居中还常见以一个家族共同建筑、共同使用的大体量民居，这正是客家人保持远古聚族而居传统的具体体现。

在建筑材料使用方面，赣南民居大量采用生土作为墙体材料，一是使用土砖，二是使用夹版夯筑土墙，时至今日，版筑土墙民居仍在农村中占据多数。在建筑结构方面，赣南虽然盛产木材，但民居中仍以承重墙结构最为常见，少数使用全木梁架的建筑，其结构均为穿斗式抬梁式木梁架仅在极个别的庙宇殿堂中使用。

位于赣州城内的民居，多为占地面积较大的深宅大院，形成极具江西本土特色的天井式院落，为美化内部空间，除将窗棂、雀替、格架精雕细刻之外，还常于天井中种植耐阴的常绿植物。由于赣州是一座各种区域文化相互交融的城市，所以民居也展示出多元化的建筑风格，最鲜明的特征就是山墙极富变化，异彩纷呈。20世纪30年代初，粤军驻赣进行市政改良时，将临街的店铺均改建为岭南风格的骑楼式，这种集居家、店铺、作坊于一身的临街骑楼，在岭北城市中独树一帜。

在赣州的民居中，目前尚未发现明代以前的建筑，现存实例均为清代中期以后所建，具有代表性的建筑有梨芫肖氏民居、荷包塘魏家大院、南市街亦吾庐等。现今赣州城内保存民居较为完好的有南市街、灶儿巷、中山路等街区。

七、造福于民
福寿沟

福寿沟，是古代赣州城的地下排水系统，始建于900年前的北宋时期。

五代卢光稠向东扩城后，城墙滨临贡江，这虽然在军事上利于防守，并且充分利用了贡江的水运之便，但由于城东一带地势低洼，致使从北宋以来，赣州城备受水患之苦。一是内涝，"每岁大雨时，东北一带街衢荡溢，庐舍且潴为沼"；二是洪水，每逢江水暴涨，"辄灌城"。

北宋熙宁年间（1068—1077年），著名的水利专家刘彝出任知州，他针对赣州城的状况，开始着手营建城区的防洪排涝工程设施。对于内涝，则开挖了两组地下排水道，一组称为福沟，一组称为寿沟，福沟受纳城东南之水，寿沟受纳城西北之水，然后穿过城墙，将水排入章贡两江。对洪水，除利用城墙作为防洪堤之外，则将福寿两沟的出水口安装了木制的水窗，这种巧夺天工的水

图7-1 李渤公祠
位于市郊水东镇李老山村。李渤于唐代长庆年间任虔州刺史，其仲子李默定居于此，后裔传沿至今，成为赣州市境内现存的最早居民定居点，李渤公祠建于明代嘉靖年间，三开间，土木结构。

图7-2 刘氏宗祠
位于城区西部，建于清代晚期，平面布局为三
进两天井，内有戏台，此图为刘氏宗祠西立面
高大的七山式封火山墙。

图7-3 寿量寺观音大士像

寿量寺位于城东，系五代时卢光稠捐其东宅花园所建。
圆通宝殿内高达6米的观音大士像原为铁铸，惜毁于
"文化大革命"期间，现造像系按原状用樟木雕造。

图7-4 仙娘庙/上图
位于城郊七里镇，以祭祀仙娘为主，但同时又兼有
佛、道宗教祭祀内容，是三教合流的宗教建筑。

图7-5 文庙大成殿内景/下图

图7-6 文庙大成殿/前页
位于城区东南部，建于清代乾隆年间。文庙系清代赣县的县学，迄今为止，整个建筑群均保存完好，是江西省规模最大的古代县学校址。大成殿是文庙建筑群的精华，面阔七间，进深六间，面积达700余平方米，梁架高达13米，屋面盖有用景德镇高温彩瓷烧造的琉璃瓦、葫芦形宝顶，青花瓷屋脊与吻兽。这个全部采用瓷构件的屋面，是全国古代建筑中仅存的实例。

图7-7 清真寺
位于城区东部桥儿口，始建于明代万历年间，现建筑复建于1985年，建筑形式为中国传统的殿堂式。

窗，能够视江水的消长而自动启闭，平时可以畅通地排泄城中的积水，洪水时期，又能自动关闭，从而有效地防止了江水倒灌。福寿沟竣工之后，赣州城"水患顿息"。

清代以后，福寿沟因年代久远而出现崩塌淤积，而且福寿沟所经的大部分地段还被占为宅基。同治八年（1869年），知府魏瀛采取民修官助的办法，对宋代的福寿沟按旧制进行了清淤整修。凡商贾居民，均自行修复与己有关的部分，祠庙公署及空阔无人之地，则由官府出资予以修复。修复后的福寿沟"阔二三尺，深五六尺，砌以砖，覆以石，纵横纡曲，条贯井然"。据米汁巷与均井巷相交的一段福寿沟

图7-8 清真寺内部/上图

图7-9 天主教堂/下图
位于健康路37号,建于清代末年。

图7-10 夯土墙民居/上图

夯土墙建筑是赣南客家人传统的建筑，墙厚约
1市尺，冬暖夏凉。图为位于湖边乡梨芫村的
一栋典型的四扇三间夯土墙民居，前面建有厨
房，尚未粉刷白灰。夯土墙建筑一般在建成两
年后，待墙体自然沉降结束，表层自然脱落后
再行粉刷。

图7-11 梨芫肖宅/下图

梨芫肖宅，是一座典型的赣南客家民居，空间
体量大，前有半月形水塘。

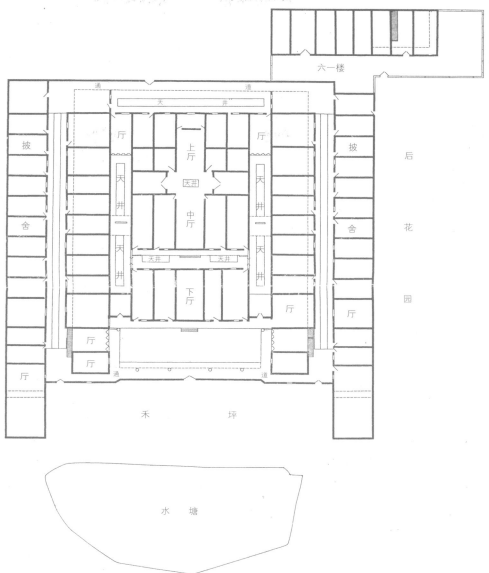

图7-12 梨芫肖宅平面图

位于市郊湖边梨芫村，是一座具有代表性的赣南客家建筑。其占地面积大，面阔为63米，进深为63米。在平面布局上，严格按中轴线对称，在中轴线上，沿进深分为下、中、上三大厅堂，上厅是祭祀祖先的场所，中厅、下厅是族人的公共空间，于此举行酒宴、集会、议事等公共活动。厅堂两侧是住房，两端最末是门朝中轴线的住房，当地称为披舍，如果族人增多，则可按相同的构造在两侧继续加建披舍。建筑的外立面绝少开窗，形成相对封闭的院落。此外，在大门前辟有晒场（当地称禾坪），晒场前有半月形水塘，以及在建筑内进行祭祀活动，融家、祠于一体，亦是赣南客家建筑的传统特色。

造福于民福寿沟

⊚ 筑境 中国精致建筑100

图7-13 魏家大院/上图

位于城区东南，是魏氏家族于清代道光年间开始
兴建，直至民国时期仍在加建，形成了多栋民居
连片的建筑群，俗称"九井十八厅"建筑。计有
住宅5栋，厨房、马房、杂物间、祠堂各1座，
谷仓2座，旧式蒙馆1座，新式学校1座，时至今
日除祠堂之外，其余建筑均保存完好。

图7-14 四扇三间民居的厅下内景/下图

图7-15 神灵牌位／上图
水南乡腊长村钟氏宅内上厅安放有祖先神灵牌位。

图7-16 中山路骑楼街／下图
形成于清末民国时期，在岭北城市中，仅有赣州市
的临街建筑建有骑楼，这是赣州建筑受岭南风格影
响的产物。

图7-17 吊楼／后页
湖边绵梨芫村肖氏宅两侧披舍的吊楼。

宋城赣州 | 造福于民福寿沟

◎筑境 中国精致建筑100

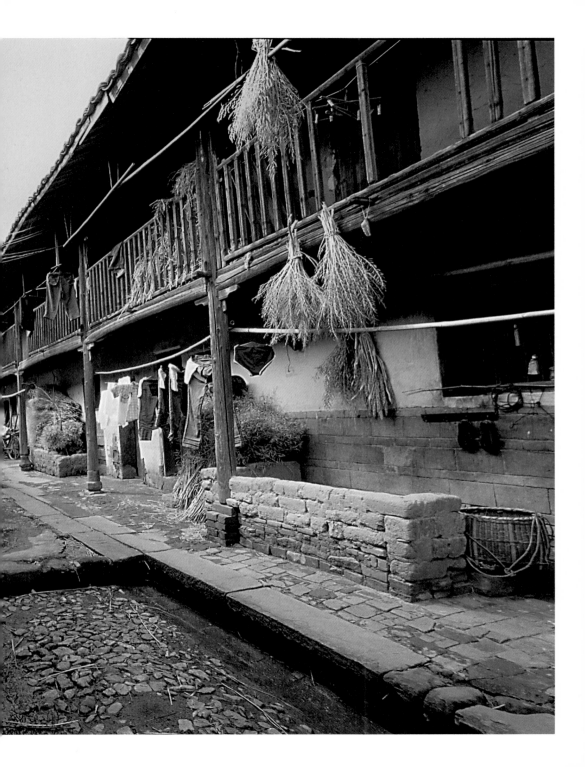

宋城赣州

造福于民福寿沟

◎筑境
中国精致建筑100

图7-18 灰塑门罩

赣州古代建筑的特色之一是采用灰塑的门窗罩，这样既免除了木构门窗罩的朽坏之虞，又保持了其美观的功能。图为位于市区梁屋巷某民居的灰塑门罩。

图7-19 群仙楼

赣州城至今保留着相当一部分明显受到西方建
筑风格影响的民国建筑。图为位于市区六合铺
的原"群仙楼"酒楼。

实测，主干道宽度为0.6—1米，高度1.6—2米，人在里面可以自如地行走。福寿两沟虽各自独立形成系统，但又可相互沟通，按同治年所绘福寿沟图与现今地图对照推算，两沟的总长度约为12.6公里，共有6个出水口，3个排入章江，3个排入贡江。

福寿沟作为合流制的下水道，除具有防洪排涝的功能外，沿途还与城内众多的池塘相贯通，这样既可避免洪水时期沟水溢流，又可利用水塘进行蓄水养鱼、种菜，实为古代赣州城的污水综合治理工程。

福寿沟是宋代赣州城的地下排水系统，900多年后的今天，赣州的旧城区仍然是利用它作为城市下水道，这不仅是中国城市建设史上的奇迹，甚至也是世界城市建设史上的奇迹。

图7-20 亦吾庐平面图

亦吾庐位于市区南市街6号，建于清末，户主商姓，因安放有雕刻"亦吾庐"三字的红石门匾而得名。其平面布局依地势而分为前、中、后三个院落，前院是主人的厅堂和住房，建筑结构规整，做工精细；中院及后院为下人的住房及杂物间。亦吾庐作为城市中吸收了外地建筑文化的民居，其整体布局与赣南客家民居的最大区别就是不按中轴线布局。

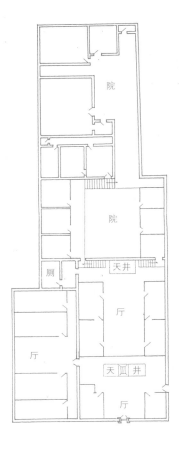

八、三江日夜流，长桥水上浮

图8-1 建春门浮桥

位于建春门外的贡江上，全长约400米，桥面宽5米，始建于南宋乾道年间（1165—1173年）。用了大约100只木舟组合而成，每3只木舟为一节（个别的2只一节），整座浮桥分为33—35节（视水位高低而增减）。近年来，已将主航道处的木舟改为钢制的浮筒。

赣州城三面环水，宽阔的江面虽然构成了赣州城军事防御的天险，但也给两岸的交通带来了诸多不便。宋代以来，随着赣州经济的发展，商业贸易的兴盛，对外交往日益频繁，为了加强对外联系，沟通城乡之间的交通，便陆续在章贡两江之上架设浮桥。

架设最早的浮桥，是位于西津门外章江上的西津桥，西津桥是北宋熙宁年间（1068—1077年）由知军刘瑾所建造，当时名知政桥。南宋乾道年间（1165—1173年），知军洪迈在贡水上架设了惠民桥，惠民桥后改名东津桥，即今日的建春门浮桥。继洪迈之后的淳熙年间（1174—1189年），知军周必正又在镇南门外的章江上架设了南河浮桥。

赣州的三座浮桥，均为宋代开始建造，一直沿用到现代，它不仅对沟通城乡之间的交通发挥了巨大的作用，而且还是古代赣州城利用

图8-2 开桥通航

每天上午9时，建春门浮桥准时开启，以通行船只。

陆路与其他城市进行联系的重要环节。以明清时期为例，出赣州城过西津桥之后，便是水西驿，沿驿路过赣县所辖的珠岭铺、火燎铺等14个铺所之后便是万安县境，继续沿驿路前行则可抵达吉安府。出镇南门过南河桥之后，沿驿路过赣县所辖的黄金铺、五总铺便进入南康县境，继续沿驿路前行则可抵达南安府，翻越梅关之后便是广东省境。

随着现代城市交通的完善，1985年西河人行桥建成后，撤除了西津门浮桥。1990年南河大桥建成后，撤除了南河浮桥。目前，建春门浮桥仍在继续使用。

建春门浮桥是宋代三座浮桥中最长的一座，全长约400米，用了大约100只木舟拼接而成，每天定时开启，以通行船只。浮桥的构造是每三只木舟为一节（个别的为两只一节），舟上架梁，梁上铺木板，每节浮桥之间用竹缆拴连在一起，然后用铁锚固定在江面上，整座浮桥用了33—35节组合而成（视江面宽度而定，江水上涨时江面稍宽）。

浮桥这一古老的交通设施，除继续发挥着它的交通作用外，它还构成了今日赣州城特有的人文景观。1965年郭沫若先生登临八境台曾作诗一首："三江日夜流，八境岁华道，广厦三间列，长桥水上浮。"

地处赣江之滨的赣州城，是一座十分典型的因交通兴而兴，因交通衰而衰的城市。

赣江成为沟通南岭两侧的交通线，始于秦代。秦始皇为平定南越，派兵由长江进入鄱阳湖，溯赣江到达章贡两江汇合处，再转入章江，然后翻越大庾岭（梅关）进入珠江水系，最后到达珠江三角洲，开辟了这条以大庾岭山道和赣江为主体的交通线。这就是古代中国东南地区最重要的一条南北向通道——大庾岭道，它沟通了长江与珠江两大水系，对后来赣州城的发展，有着十分重大的意义。

唐代以前，大庾岭道的作用，主要是作为一条军事通道。汉武帝时，楼船将军杨仆前往番禺征讨南越王残部；东晋卢循、徐道覆起义，翻过大庾岭北上；南朝陈霸先长驱岭峤，直下建康取代萧梁；隋末林士宏据赣州建楚国，都是利用了大庾岭这条军事通道。

图9-1 泊船
涌金门外贡江港口停泊的船只。

有宋一代，汉唐时期的丝绸之路中断，中国对外贸易转由海路，广州成了全国最大的港口之一，岭南与中原地区的贸易往来空前活跃，从而带来了赣江交通运输的繁忙。此外溯贡江而上翻越武夷山山口进入闽江流域的交通线在宋代也已开通，这样一来，位于章贡合流之处的赣州城，就变成了我国东南地区长江、珠江、闽江三大流域的交通枢纽城市。得益于交通之便利，赣州城遂成了"交广闽越铜盐之贩，道所出入"，"广南纲运，公私货物所聚"的商业贸易都市。商业贸易的发展，又带来了财政收入的增加，北宋熙宁十年（1078年），赣州的税收额达到51229贯，这在当时江西省13个州军中位居第一。宋代赣江航运的

图9-2 石碑/左图
建春门外贡江边民国时期立的"广东码头"石碑。

图9-3 铸铁缆桩/右图
明代立于贡江岸边的铸铁缆桩，高3.2米，直径0.22米。

繁荣，还反映在造船业的发达上，天禧末年（1021年），赣州年造船605艘，占全国造船总量2916艘的20.7%。

明清时期，赣江的航运继续保持着繁荣的局面，运往闽广两地的上水货多为丝绸、瓷器、皮毛制品、纸张百货等，由闽广而来的下水货多为名贵药材、贵重木料、手工业原料等。自宋代以来，赣州城的商业码头，绝大部分位于城东贡江之滨，西门外章江则为盐运专用码头。清人笔下所描绘的："闽粤艑航聚虎头"，"涌金门外万舟横"，正是当年赣江航运发达，赣州城港口码头一派繁忙景象的真实写照。

鸦片战争后实行五口通商，中国对外贸易的中心由珠江三角洲转移到了长江三角洲的上海，这样一来，大庾岭道的地位急剧下降，造成了赣州商业贸易的衰退。至20世纪30年代，随着粤汉铁路的全线通车并和浙赣铁路相接轨，致使兴盛了千年的大庾岭道完全衰落，近现代以来，赣州反倒成了交通闭塞、经济落后的地区。

在世纪之交，随着京九铁路的通车，又为赣州经济的重新崛起带来了新的契机。加上不久将兴建的韶赣龙铁路，将在赣州与京九铁路相交，届时，赣州将再次成为闽粤赣三省的交通枢纽城市。

十、古瓷、名窑、七里镇

在赣州城的贡水上游，有一座形成于宋代的千年古镇，因此地距城七华里，故名七里镇。

东晋和南朝时期，赣州城的城址曾一度建筑于此。由于这一带出产优质的陶瓷土，加上交通便利，故从唐末开始，这里便开始设窑烧造陶瓷，这就是在中国陶瓷史上占有一席之地的赣州七里镇古瓷窑。

赣州窑创烧于唐末，历五代数十年，极盛于两宋，终烧于元末，是江西省的宋代四大窑场之一。古瓷窑遗址沿贡江北岸一线分布，东西长约2公里，南北宽约半公里，在一平方多公里的地下，均为历代的窑址和烧窑废弃物，在地表，还保存有高出地面数米至十余米的古窑包，如赖屋岭、沙子岭等共十六处。

赣州窑的产品主要为民间日用器物，器型有枕、瓶、杯、壶、罐、碗、盘、盏、碟、盂、炉、砚等。产品的胎质以陶胎居多，瓷胎较少。釉色有青釉、白釉、青白釉、褐釉、黑釉、窑变釉等多种。近年来发现有极少量的白釉开片瓷产品。在唐末五代时，赣州窑的产品均为青釉器，白瓷则出现在宋代以后。宋元时期，赣州窑的青白釉瓷器可与同时代景德镇窑的同类产品相媲美，而仿漆器赭黑色釉则是赣州窑独具风格的品种。

赣州窑的装烧工艺，唐末五代时采用垫柱支钉叠烧，宋代以后，采用垫饼匣钵装烧，窑

图10-1 七里镇宋代龙窑

1986年，在对七里镇古瓷窑址进行发掘时，于张家岭窑包上
出土了两座并列的宋代龙窑，长达40米。

型以龙窑为主，并有少量的馒头窑。1986年，
曾在张家岭窑包上清理出两座并列的龙窑，都
长达30余米，为古代窑址中所罕见。

　　赣州窑产品的装饰工艺以刻画为主，亦采
用模印、雕塑、捏塑等工艺，常见的图案为花
鸟走兽。在赣州窑的产品中，有一种造型与装
饰工艺都十分独特的柳斗纹点釉鼓钉罐，在全
国所有古代窑址中为赣州窑所独有，这种产品
除在国内销售外，宋元时期还远销到了日本和
朝鲜。

图10-2 古窑包
由制瓷废弃物堆积而形成的
小山岭，共保存有16座。

远在宋代，伴随着赣州窑的兴盛，七里镇就成了一座以制瓷业为主的手工业集镇，成书于北宋时期的《元丰九域志》一书中，就有关于七里镇的明确记载。伴随着古瓷窑的兴衰，七里镇这座制瓷手工业集镇一直繁荣到了元末明初。

到了明代中期以后，随着闽广移民大量返迁回到赣南，山区的竹木资源被开发利用，大量的竹木通过河流集中外运。七里镇恰好位于贡江各支流汇合后的下游，而贡江所流经的11个县又是赣南主要的林区所在，于是七里镇从明代中叶以后又成了一座以木竹扎运业为主的集镇。各地集中到七里镇的竹木，经重新绑扎，成为上下数层的深水排，然后顺江而下，运销到赣江下游、鄱阳湖地区，乃至长江中下游的广大地区。直到新中国成立以后，七里镇仍是江西省最大的木材贮运场之一。

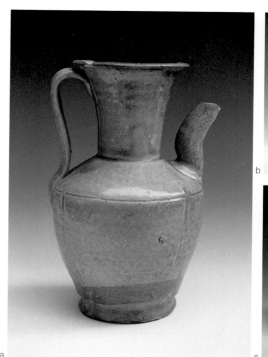

图10-3 七里镇古瓷窑的产品

这是七里镇古瓷窑所特有的产品，宋元时期出口到朝鲜和日本
等地。

a.唐代褐釉执壶；b.宋代狮座瓷枕（残部）；c.元代青白釉莲
瓣纹瓷罐；d.宋代鼓钉纹罐。此罐元代仍有烧造。

七里镇，是赣州城郊最古老的集镇，它是宋城赣州的有机组成部分。时至今日，这里除有古瓷窑址外，还有仙娘庙、万寿宫、池氏宗祠、状元桥、古民居、古街巷等文物古迹。

图10-4 七里镇古街

七里镇是一座千年古镇，图为七里镇的古街。

古瓷、名窑、七里镇

筑境 中国精致建筑100

十一、江南石窟
通天岩

图11-1　通天岩唐代观音造像

在赣州城的西北10公里，是著名的通天岩风景区。这里发育着十分典型的丹霞地貌，景区内岩深谷邃，古木参天，丹崖绝壁，石穴玲珑，因"石峰环列如屏，巅有一窍通天"而名为通天岩。自唐代末年以来，这里便被开创为石窟寺，北宋时期，通天岩石窟的造像达到高潮，是我国石窟艺术的宝库之一。

通天岩现存有唐宋时期的窟龛315处，共计造像359尊。造像主要分布于忘归岩、龙虎岩、通天岩和翠微岩四处。

通天岩现存的摩崖造像，可划分为四组。一是位于通天岩与翠微岩相交接处的8尊菩萨造像，雕造于唐代末年，开通天岩摩崖造像之先河。二是位于通天岩山崖顶部，由五百罗汉拱卫着的毗卢遮那佛及文殊普贤两胁侍的组群造像，这组造像开凿于北宋中期，规模最大，气势恢宏。三是以慈云寺僧人明鉴为主施造的

图11-2 忘归岩北宋晚期的罗汉造像/上图

图11-3 通天岩石窟的翠微岩洞窟全景/下图

图11-4　三圣造像
通天岩山崖顶部，北宋中期的华严三圣造像。

单龛十八罗汉像，开凿于北宋后期，是通天岩摩崖造像的精华所在。四是位于翠微岩，由赣州城朱氏施造的弥勒佛等造像，开凿于南宋初年，是通天岩摩崖造像的终曲。

综观通天岩的摩崖造像，在唐末的初创时期，系以雕造菩萨像为主，而到了宋代则又以雕造罗汉像为主了。通天岩石窟唐代的摩崖造像仅有8尊，其余的均为宋代所开凿，宋代造像占全部造像359尊的97.7％。

据调查统计，通天岩风景区现保存有摩崖题刻128品，其年代上起北宋，历南宋、元、明、清、民国凡900年未曾中断。年代最早的是北宋熙宁六年（1073年）所刻，年代最晚的是民国37年（1948年）所刻。通天岩宋代的摩崖题刻数量最多，达47品，占已知年代103品的45.6％。题刻的文体形式有题名、题记、诗词、佛龛造像记、吉祥文字等，其内容涉及政治、历史、宗教、文化等各个方面。

通天岩的摩崖题刻，其分布范围很广，从景区东部的观心岩起，沿忘归岩、龙虎岩、通天岩、翠微岩，至景区西部的普同塔止，分布距离长达1000米以上。在现存的题刻中，以宋代的林颜、胡榘、李大正，明代的王阳明、唐邦佐等人的题刻为上乘之作，特别是王阳明镌刻在忘归岩的五言诗一首，对其后的题刻影响极大。

我国的石窟寺，多位于黄河流域和长江

图11-5 通天岩石窟的普同塔

宋城赣州

江南石窟通天岩

⊚ 筑境 中国精致建筑100

图11-6 阳孝本墓/上图

图11-7 位于通天岩石窟中心的"广福禅林"寺院/下图

图11-8 摩崖题刻/上图

明代正德年间王阳明镌刻于忘归岩的摩崖题刻，
全文如下："青山随地佳，岂必故园好。但得此
身闲，尘寰亦蓬岛。西林日初暮，明月来何早。
醉卧石床凉，洞云秋未扫。正德庚辰八月八日访
邹陈诸子于玉岩题壁，阳明山人王守仁书"。

图11-9 明代万历年间唐邦佐题刻/下图

图11-10 南宋李大正的题刻

图11-11 通天岩风光

上游地区，而唯有赣州的通天岩石窟，却独处江西一隅，究其开创营建的原因，似有以下几个方面。第一，唐末中原战乱不安，大量的北方居民迁入赣南，这同时也将石窟寺艺术带到了赣州。第二，唐末五代时，赣南相对呈现出政治安定的局面，加上宋代以来经济的繁荣，才有可能为石窟寺这种耗资巨糜的工程，提供充足的资金。第三，由于佛教的盛行，僧人四方游说劝缘、官僚绅士大量捐资，从而直接促成了石窟寺的营建。第四，通天岩位于赣州城郊，而赣州城又是大庾岭道上的商贸中心城市，这是得天独厚的条件。

筑境 中国精致建筑100

　　与我国众多的石窟寺相比较，通天岩石窟造像的分布范围，石龛的数量和体量都是较小的，但相对而言，它在我国华东与华南的广大地区却是首屈一指的。通天岩石窟的开凿时间，恰恰在我国第二次石窟造像的兴盛时期，因而具有代表意义。由于地处长江南岸的赣江上游，所以又成为我国地理位置最南端的一处石窟寺。再加上极具书法艺术价值和文史价值的历代摩崖题刻，更使通天岩石窟成了我国摩崖造像与摩崖题刻交相辉映的艺术宝库。

　　通天岩石窟，堪称江南第一石窟，1989年被定为全国重点文物保护单位。

十二、山为翠浪涌，水作玉虹流

山为翠浪涌，水作玉虹流

◎ 筑境 中国精致建筑100

赣州，不仅是一座历史悠久，人文荟萃的古城与名城，而且还是一座山川秀丽，景色宜人的山城与江城。

赣州城址最终在章贡二水之间固定下来，虽然并不是从景观的角度所进行的选择，但是由于历代建设者的刻意经营，至宋代，赣州城内的地形地貌大都被巧加利用，构成了一处处内涵丰富的人文景观。同时，还将近郊的人文与自然景致，区域的宏观大势与城市景观有机地相结合，从而形成了颇具特色、层次完整的景观系统。明清两代，又在宋代原有格局的基础上，得到了不断丰富和完善。诚如清人文翼所称道的那样："江右之有赣，一形胜之地也，余尝泛洞庭，涉彭蠡，逆流而上，所见山川城郭，气象雄伟，鲜有如赣者。"

赣州的景观和其他城市一样，是由自然与人文两大部分所组成的。自然景观主要由山

图12-1 南京路的古榕树
榕树是赣州市的市树，赣州以北榕树就不能正常生长。榕树是赣州的主要成景植物，树型伟岸，四季常青，生命力持久。图为位于市中心南京路的明代古榕。

图12-2 舍利塔

位于城区东南，为宋代慈云寺的附属建筑，故又名慈云塔。是一座穿腹绕平座而上的砖塔，六面九级，高42米，建于北宋天圣年间，塔身上存有"天圣元年"的铭文砖。

图12-3 玉虹塔/后页

位于章贡两江合流后的赣江西岸，建于明代万历年间，因塔身粉有白灰，故俗称白塔。此塔为壁内折上式结构，六面九级，底部设有红石须弥座，高30米。此塔是赣州城的水口塔，既具有镇守水口的功能，同时又起导航指路的作用。

脉、峰峦、河流、池塘以及成景植物等组成，山水二字是其鲜明的特色。当年苏东坡登上郁孤台，映入眼帘的便是一幅壮丽的立体山水图，"山为翠浪涌，水作玉虹流"。令辛弃疾触景伤情，并发出忧国忧民慨叹的，也是郁孤台下的一江清水以及城西北的无数青山。

赣州的人文景观，则主要由城墙、街巷、寺庙、官署、古塔、古桥以及亭台楼阁等组成。赣州城三面环水，南凿护城河，城墙沿江岸伸屈，并随地势而起伏，雉堞完备，警铺相望，加上雄伟的城楼，造型宏丽的瓮城与炮城，甚为壮观。八境台耸立在两江合流之处，成为江城的重要标志；文庙大成殿金碧辉煌的剪边琉璃瓦，在青砖灰瓦的建筑群中，犹如点睛的神来之笔，而高达42米的慈云塔，又寓意着一郡文峰之特起。

图12-4 龙凤塔远望
龙凤塔位于赣州城上游3.5公里的贡江西岸，建于清代早期，其功能与玉虹塔一样，同为赣州城的水口塔。塔下现建有京九铁路贡水特大桥，巧妙地将古今城市入口的处理融于一景之中。

图12-5 玉虹塔铁元宝/上图
1992年，于玉虹塔地宫中出土了一重达76.5公斤的特大铁元宝，上面铭铸有"双流砥柱"四个大字，这是对玉虹塔建筑功能的最好诠释。

图12-6 虎冈儿童新村山门/下图
1942年，蒋经国先生主政赣州时曾在东郊的虎冈建有"中华儿童新村"，图为位于虎冈的儿童新村山门。

赣州的景观系统，可划分为城市、近郊与区域三大景观圈。首先是以城市中犹如工笔重彩画的人文景观为中心，然后过渡到人文与自然相呼应的近郊景观，形成的是一轴田园风光的设色长卷，最后展开到借取远方的犷野略景，呈现在人们视野中的是一幅大写意的水墨山水佳作。

在城市景观圈中，八境台、郁孤台是三大景观圈的中枢。郁孤台位于城区制高点，登台所见，远近景色融为一体，八境台视野开阔，登台环顾，城外的山水田园之美，城内的亭台楼阁之秀，皆可尽收眼底。

在近郊景观圈中，盘折于城区外围的，是奔腾不息的三江，三江之外，东有万松山与

图12-7 古城天际线复原图
从贡江东岸看古城赣州的天际线，从左至右分别
是百胜门、舍利塔、建春门、涌金门、八境台。

马祖岩，西有西隐山，西北有通天岩，南部则是平缓的小平原。马祖岩为近郊的最高峰，海拔235米，巅顶建有佛日寺、尘外亭等造景建筑，风光优美。贡水东岸的沿江古榕，则构成了近郊景观中的一道绿色风景线，而横卧于两江之上的宋代浮桥，又达到了锁江与连景的双重景观效果。

赣州城的区域景观，主要借用了远方的苍翠山峦以成景。如城南20公里的崆峒山，东西横亘数十里，主峰宝盖峰海拔1016米，成为赣州城的"向山"，在明清时期，城内的主要建筑如文庙、郁孤台、八境台等，其中轴线必须正对宝盖峰。与崆峒山相对应，位于城北的三阳山则成了赣州城的"座山"，这便构成了"崆峒峙其前，三阳枕其后"的区域景观大势。

特别值得书上一笔的是，赣南是赣派风水术的发源地，也是历代风水名流辈出的地方，所以赣州的景观系统明显地受到赣派风水术的影响。除前已提及的两山之外，最为显著的要算是对水口的处理了。

明清时期，赣派风水术特别强调城镇村落外部空间的处理，形成了完整的水口理论。古代的河流作为交通线，水口即一座城市的入口，赣州城的水口位于两江合流后的赣江下游，明代万历年间，都御史谢杰在城北2.5公里的赣江西岸，构筑了高达30米的水口塔，此塔取苏东坡"水作玉虹流"诗意而名玉虹塔，因塔外粉有白灰，俗称白塔。由于赣州并非一处封闭的山间小盆地，故城市外围章贡两江的上游仍然要被视作水口而加以处理，因此，在清代便陆续在贡江上游3.5公里构筑了龙凤塔与七里镇两座相邻的水口塔，在章江上游4公里构筑了吉埠水口塔。赣州城周缘的这三组水口塔，既美化了赣州近郊的景观，同时又具有引路指胜的功能，它向远道而来的每位客人提示，一座历史悠久、风景秀丽的文化名城就在前方。

大事年表

朝代	年号	公元纪年	大事记
商周时期		约公元前1600—前256年	赣州境内已有人类生活居住，他们属于百越民族的一支
西汉	高祖六年	前201年	设立赣县，城址位于今蟠龙镇附近的章江之滨。从赣县的设立开始，赣州城已有二千一百多年的历史
东晋	永和五年	349年	赣县城搬到章贡二水之间，同时成为南康郡的郡治，这标志着赣州开始成为赣南历代的中心城市
南朝	梁承圣元年	552年	城址经过再次搬迁后又回到章贡二水间，从此城址固定下来，延续至今已有1400多年
隋	开皇九年	589年	南康郡改为虔州
	大业十二年	616年	林士宏在赣州称帝，立国号楚，建元太平
唐	光启年间至后梁开平三年	885—909年	卢光稠据赣州，他扩建了赣州城，构筑了拜将台，重修了州衙，捐建了寿量寺
	唐代末年		七里镇开始烧造瓷器，通天岩开始营建石窟寺
北宋	天禧五年	1021年	赣州年造船量达605艘，占当时全国总量的20.7%
	天圣年间	1023—1031年	城内慈云寺建造舍利塔，高达42米
	嘉祐年间	1056—1063年	知州孔宗翰开始建造砖城，并同时在城东北角构筑八境台
	熙宁年间	1068—1077年	知军刘彝开挖赣州城地下排水系统福寿沟
南宋	建炎三年	1129年	高宗伯母隆祐太后为避金兵之难于赣州城内
	绍兴二十三年	1153年	虔州改赣州

朝代	年号	公元纪年	大事记
南宋	乾道年间	1165—1174年	知军洪迈在建春门外架设东津桥，沿用至今
	淳熙三年	1176年	辛弃疾在赣州作"郁孤台下清江水"一词，郁孤台从此名扬海内
	德祐元年	1257年	文天祥在赣州知州任上，组织义军万余人赴临安勤王
两宋时期			通天岩石窟摩崖造像的高潮时期，也是赣州七里镇窑瓷业的鼎盛时期
明	正德十一年	1517年	王阳明于通天岩结庐讲学，并在忘归岩留有五言诗一首
	万历年间	1573—1620年	都御史谢杰在城北赣江西岸建玉虹塔
清	顺治三年	1646年	杨廷麟在赣州抗击清兵，城破后宁死不降，投清水塘自尽
	康熙二十一年	1682年	巡道丁炜在道署东构建矗园，成为赣州城内的名园，旧有矗园十二景，今赣州公园即其址
	乾隆元年	1736年	在原祥符宫旧址上兴建赣县县学（文庙），保存至今
	咸丰四年	1854年	在赣州城墙外开始加建炮城，历时5年，共建炮城5座
	同治五年	1866年	广东会馆落成于西大街，该会馆在赣州众多会馆中建筑别具一格，以精美的石雕构件和富丽的琉璃瓦屋面著称

朝代	年号	公元纪年	大事记
中华民国	民国4年	1915年	赣州发生历史上最大的洪水，水位达106.54米，城墙被冲毁多处，同年，兴工对城墙进行了历史上的最后一次维修
		1932—1936年	粤军驻赣，进行了市政改良，实施了拓宽街道，兴建公共设施等多项市政建设
		1939年6月—1945年2月	蒋经国先生在赣州任专员，曾提出"建设新赣南"的口号，并于1943年在水东虎冈兴建了中华儿童新村
		1945年	2月5日—7月16日，日军侵占赣州，对赣州城进行了疯狂的破坏
中华人民共和国		1949年	8月14日，中国人民解放军第48军进入赣州，赣州城解放